Formulas and Notes

AF887781

Formulas and Notes

Lesson Practice #___

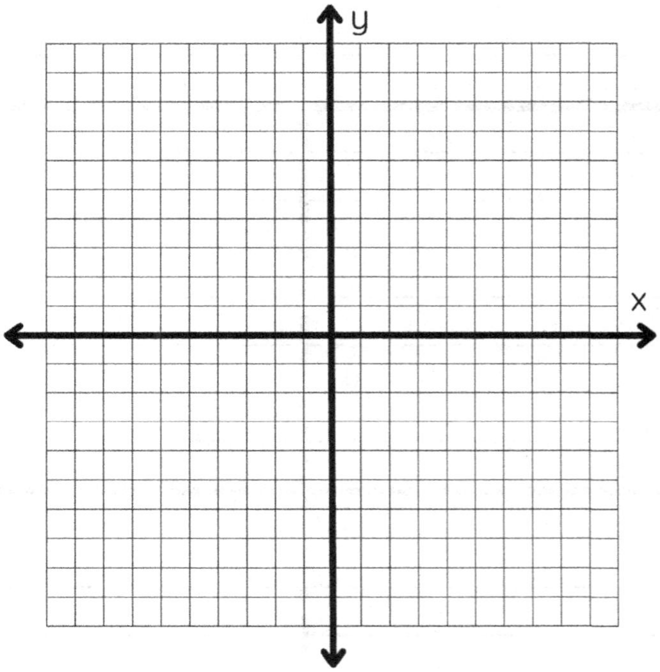

Scratch Paper

Lesson#____

Date:_______

○ Facts Practice ○ Lesson Practice 15 min. power focus: ○ ○ ○ ○

1.	2.	3.
4.	5.	6.
7.	8.	9.
10.	11.	12.
13.	14.	15.

Lesson#____

Date:________

16.	17.	18.
19.	20.	21.
22.	23.	24.
25.	26.	27.
28.	29.	30.

Lesson Practice #___

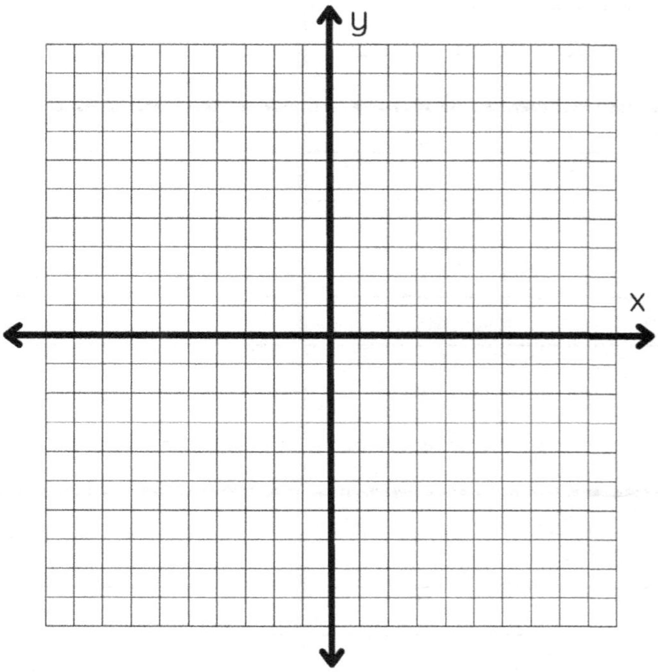

Scratch Paper

Lesson#___ Date:_______

○ Facts Practice ○ Lesson Practice 15 min. power focus: ○ ○ ○ ○

1.	2.	3.
4.	5.	6.
7.	8.	9.
10.	11.	12.
13.	14.	15.

Lesson#____ Date:________

16.	17.	18.
19.	20.	21.
22.	23.	24.
25.	26.	27.
28.	29.	30.

Lesson Practice #___

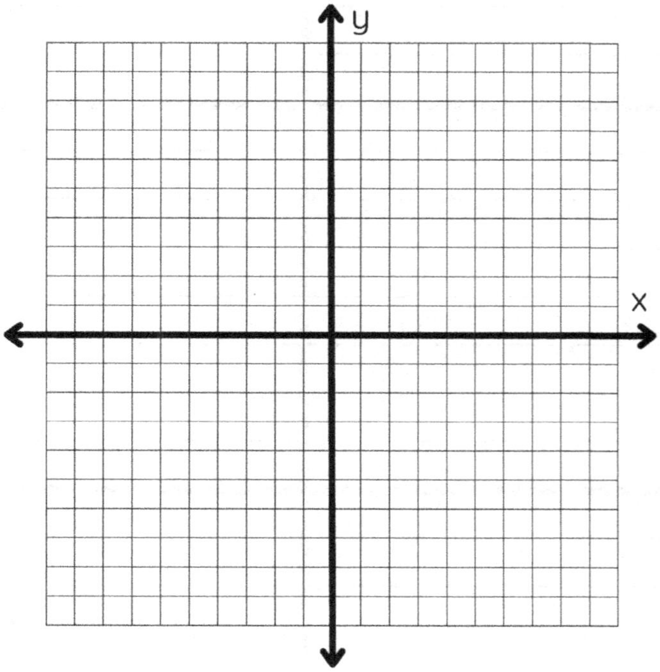

Scratch Paper

Lesson#____

Date:________

○ Facts Practice ○ Lesson Practice

15 min. power focus: ○ ○ ○ ○

1.	2.	3.
4.	5.	6.
7.	8.	9.
10.	11.	12.
13.	14.	15.

Lesson#___

Date:_______

16.	17.	18.
19.	20.	21.
22.	23.	24.
25.	26.	27.
28.	29.	30.

Lesson Practice #___

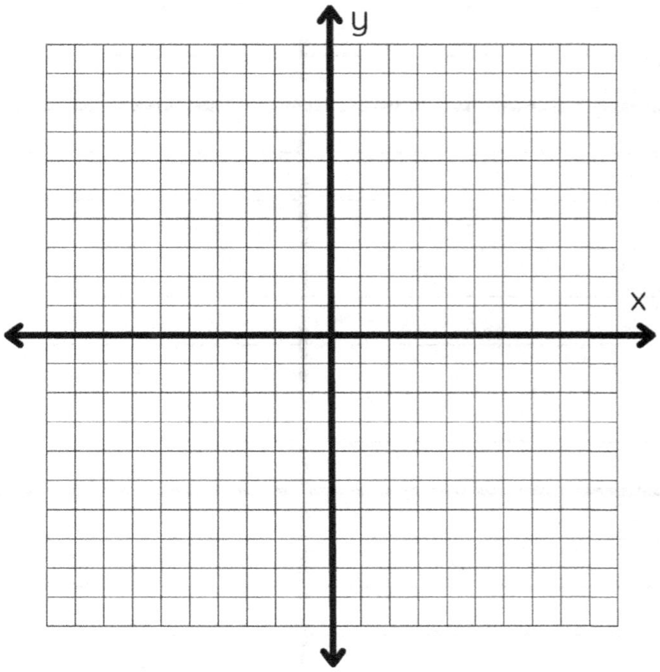

Scratch Paper

Lesson#___

Date:_______

○ Facts Practice ○ Lesson Practice 15 min. power focus: ○ ○ ○ ○

1.	2.	3.
4.	5.	6.
7.	8.	9.
10.	11.	12.
13.	14.	15.

Lesson#____ Date:_______

16.	17.	18.
19.	20.	21.
22.	23.	24.
25.	26.	27.
28.	29.	30.

Lesson Practice #___

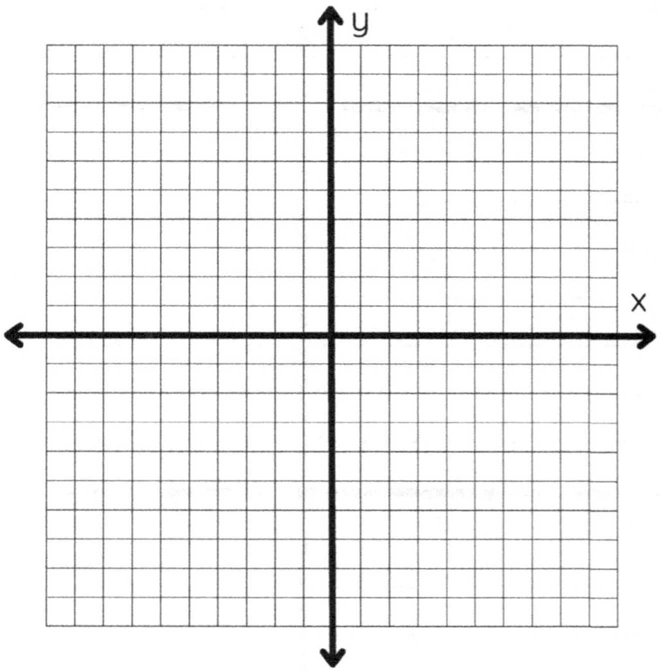

Scratch Paper

Lesson#___

Date:________

○ Facts Practice ○ Lesson Practice 15 min. power focus: ○ ○ ○ ○

1.	2.	3.
4.	5.	6.
7.	8.	9.
10.	11.	12.
13.	14.	15.

Lesson#____

Date:________

16.	17.	18.
19.	20.	21.
22.	23.	24.
25.	26.	27.
28.	29.	30.

Lesson Practice #___

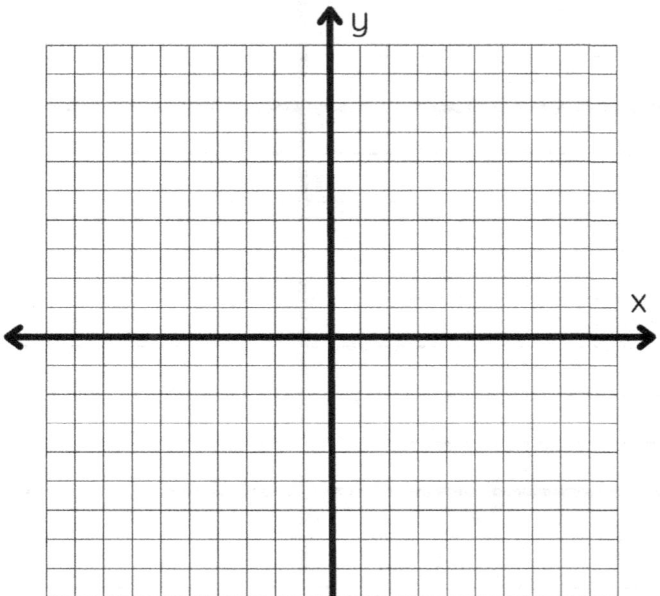

Scratch Paper

Lesson#____

Date:________

○ Facts Practice ○ Lesson Practice 15 min. power focus: ○ ○ ○ ○

1.	2.	3.
4.	5.	6.
7.	8.	9.
10.	11.	12.
13.	14.	15.

Lesson#____

Date:________

16.	17.	18.
19.	20.	21.
22.	23.	24.
25.	26.	27.
28.	29.	30.

Lesson Practice #___

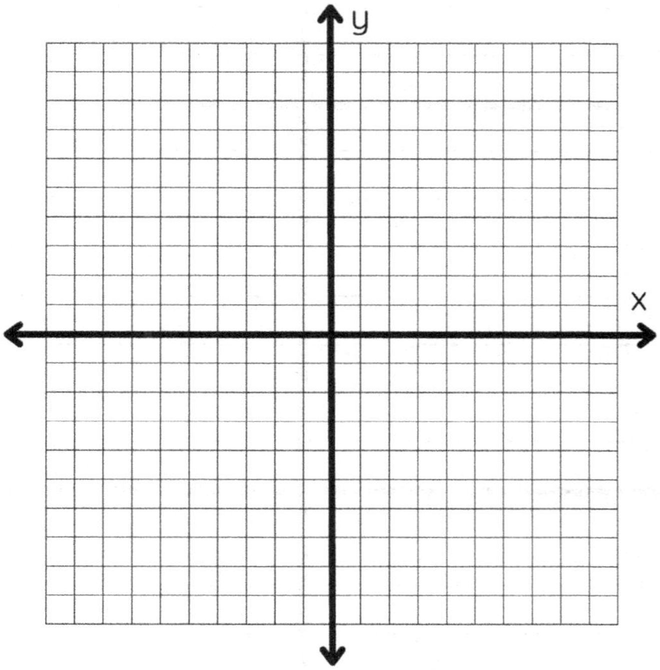

Scratch Paper

Lesson#____

Date:________

○ Facts Practice ○ Lesson Practice 15 min. power focus: ○ ○ ○ ○

1.	2.	3.
4.	5.	6.
7.	8.	9.
10.	11.	12.
13.	14.	15.

Lesson#____ Date:________

16.	17.	18.
19.	20.	21.
22.	23.	24.
25.	26.	27.
28.	29.	30.

Lesson Practice #___

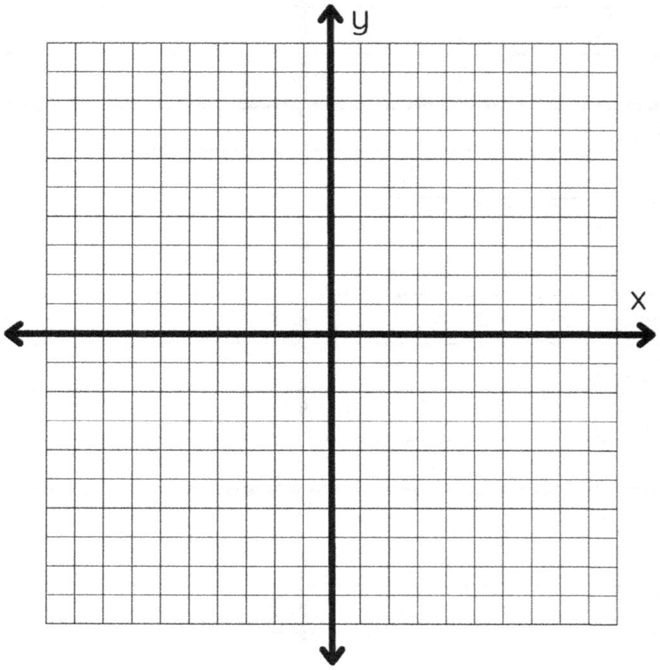

Scratch Paper

Lesson#____

Date:________

○ Facts Practice ○ Lesson Practice 15 min. power focus: ○ ○ ○ ○

1.	2.	3.
4.	5.	6.
7.	8.	9.
10.	11.	12.
13.	14.	15.

Lesson#____ Date:________

16.	17.	18.
19.	20.	21.
22.	23.	24.
25.	26.	27.
28.	29.	30.

Lesson Practice #___

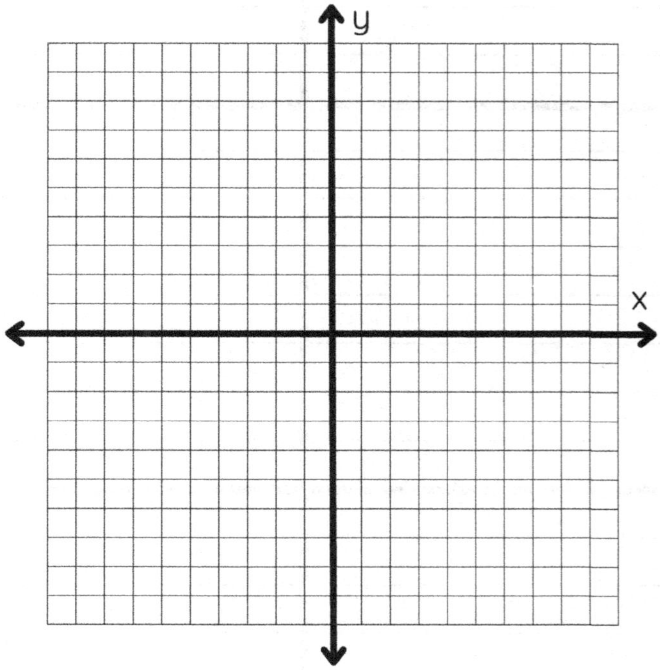

Scratch Paper

Lesson#____

Date:_______

○ Facts Practice ○ Lesson Practice 15 min. power focus: ○ ○ ○ ○

1.	2.	3.
4.	5.	6.
7.	8.	9.
10.	11.	12.
13.	14.	15.

Lesson#____

Date:________

16.	17.	18.
19.	20.	21.
22.	23.	24.
25.	26.	27.
28.	29.	30.

Lesson Practice #____

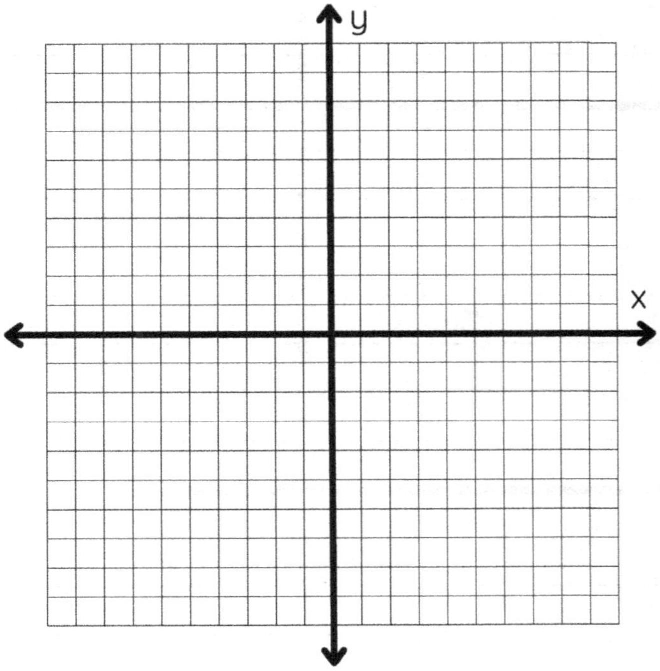

Scratch Paper

Lesson#____

Date:________

○ Facts Practice ○ Lesson Practice 15 min. power focus: ○ ○ ○ ○

1.	2.	3.
4.	5.	6.
7.	8.	9.
10.	11.	12.
13.	14.	15.

Lesson#___ Date:_______

16.	17.	18.
19.	20.	21.
22.	23.	24.
25.	26.	27.
28.	29.	30.

Lesson Practice #___

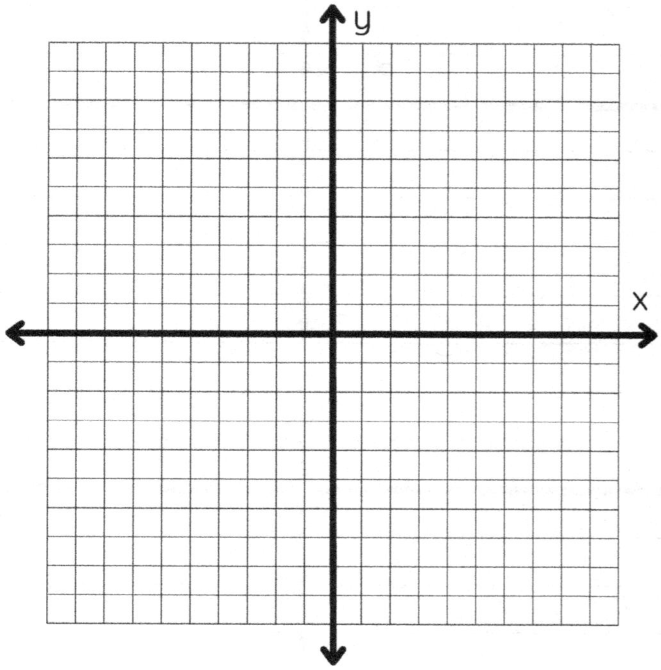

Scratch Paper

Lesson#____

Date:________

○ Facts Practice ○ Lesson Practice 15 min. power focus: ○ ○ ○ ○

1.	2.	3.
4.	5.	6.
7.	8.	9.
10.	11.	12.
13.	14.	15.

Lesson#___

Date:_______

16.	17.	18.
19.	20.	21.
22.	23.	24.
25.	26.	27.
28.	29.	30.

Lesson Practice #___

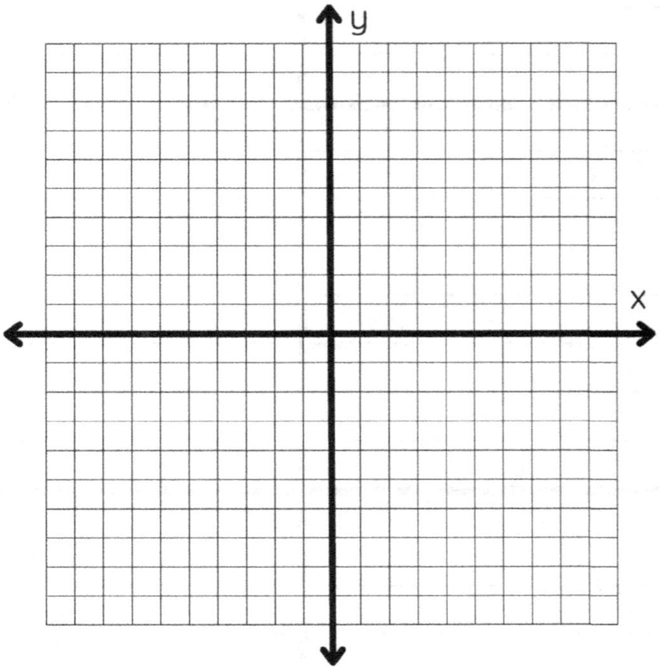

Scratch Paper

Lesson#____

Date:________

○ Facts Practice ○ Lesson Practice 15 min. power focus: ○ ○ ○ ○

1.	2.	3.
4.	5.	6.
7.	8.	9.
10.	11.	12.
13.	14.	15.

Lesson#___ Date:______

16.	17.	18.
19.	20.	21.
22.	23.	24.
25.	26.	27.
28.	29.	30.

Lesson Practice #___

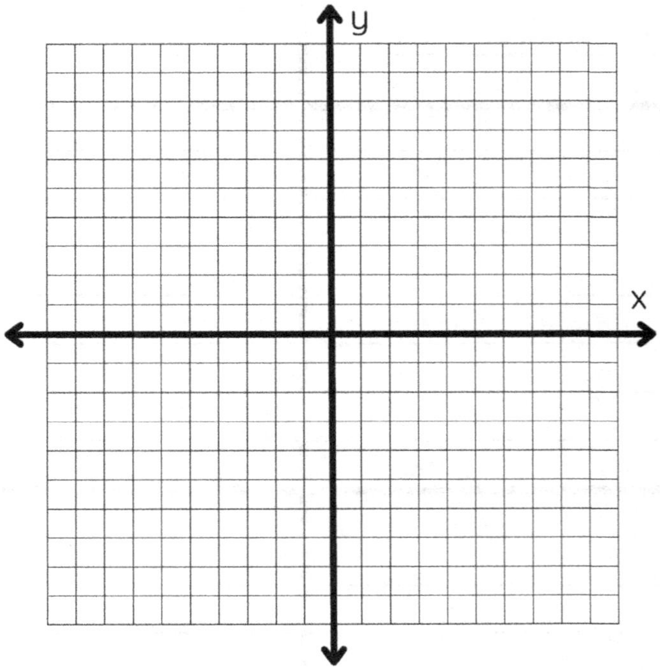

Scratch Paper

Lesson#____

Date:________

○ Facts Practice ○ Lesson Practice 15 min. power focus: ○ ○ ○ ○

1.	2.	3.
4.	5.	6.
7.	8.	9.
10.	11.	12.
13.	14.	15.

Lesson#____ Date:________

16.	17.	18.
19.	20.	21.
22.	23.	24.
25.	26.	27.
28.	29.	30.

Lesson Practice #___

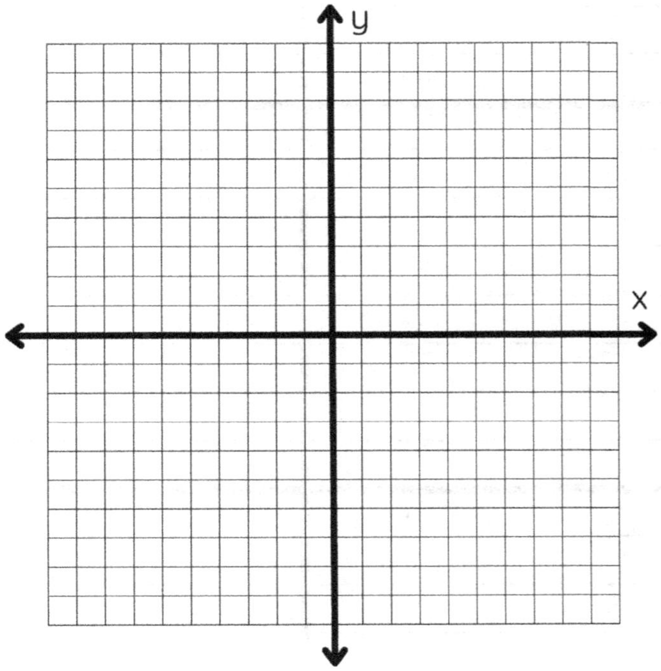

Scratch Paper

Lesson#____

Date:________

○ Facts Practice ○ Lesson Practice 15 min. power focus: ○ ○ ○ ○

1.	2.	3.
4.	5.	6.
7.	8.	9.
10.	11.	12.
13.	14.	15.

Lesson#____

Date:________

16.	17.	18.
19.	20.	21.
22.	23.	24.
25.	26.	27.
28.	29.	30.

Lesson Practice #___

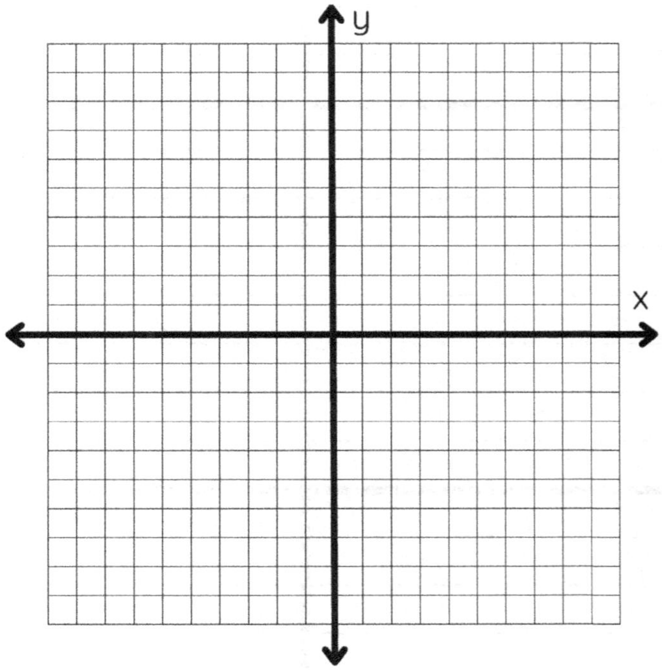

Scratch Paper

Lesson#___

Date:_______

○ Facts Practice ○ Lesson Practice 15 min. power focus: ○ ○ ○ ○

1.	2.	3.
4.	5.	6.
7.	8.	9.
10.	11.	12.
13.	14.	15.

Lesson#____ Date:_______

16.	17.	18.
19.	20.	21.
22.	23.	24.
25.	26.	27.
28.	29.	30.

Lesson Practice #___

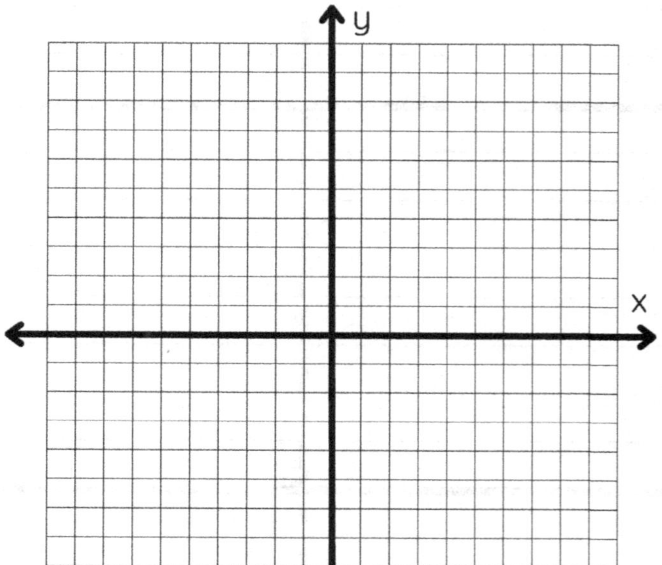

Scratch Paper

Lesson#____

Date:________

○ Facts Practice ○ Lesson Practice 15 min. power focus: ○ ○ ○ ○

1.	2.	3.
4.	5.	6.
7.	8.	9.
10.	11.	12.
13.	14.	15.

Lesson#____ Date:________

16.	17.	18.
19.	20.	21.
22.	23.	24.
25.	26.	27.
28.	29.	30.

Lesson Practice #___

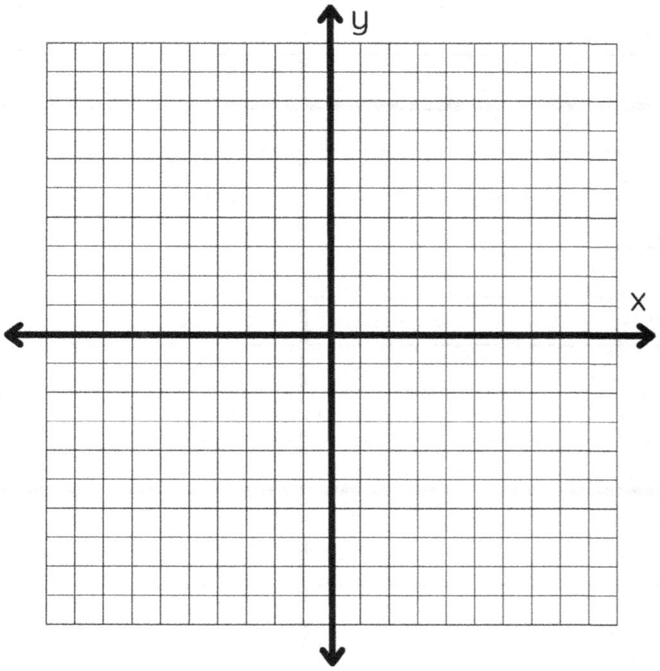

Scratch Paper

Lesson#____

Date:________

○ Facts Practice ○ Lesson Practice 15 min. power focus: ○ ○ ○ ○

1.	2.	3.
4.	5.	6.
7.	8.	9.
10.	11.	12.
13.	14.	15.

Lesson#___ Date:______

16.	17.	18.
19.	20.	21.
22.	23.	24.
25.	26.	27.
28.	29.	30.

Lesson#___

Date:_______

○ Facts Practice ○ Lesson Practice

15 min. power focus: ○ ○ ○ ○

1.	2.	3.
4.	5.	6.
7.	8.	9.
10.	11.	12.
13.	14.	15.

Lesson#____ Date:________

16.	17.	18.
19.	20.	21.
22.	23.	24.
25.	26.	27.
28.	29.	30.

Lesson Practice #___

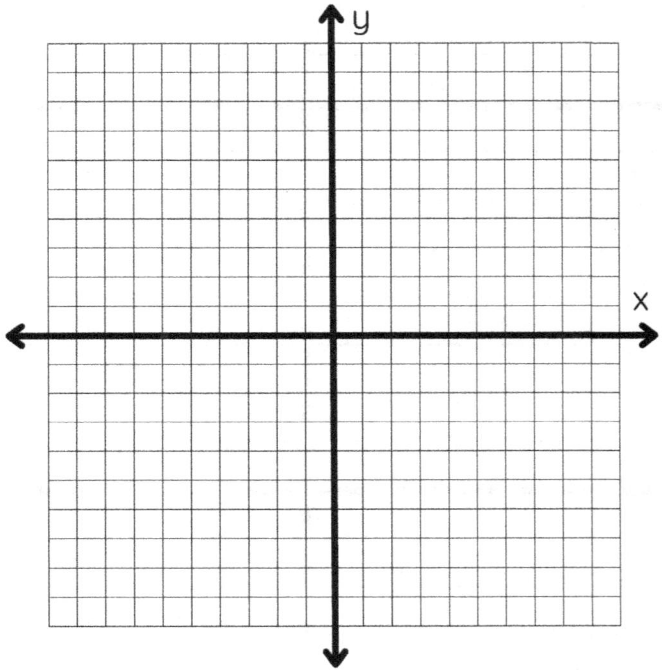

Scratch Paper

Lesson#____

Date:________

○ Facts Practice ○ Lesson Practice 15 min. power focus: ○ ○ ○ ○

1.	2.	3.
4.	5.	6.
7.	8.	9.
10.	11.	12.
13.	14.	15.

Lesson#___ Date:_______

16.	17.	18.
19.	20.	21.
22.	23.	24.
25.	26.	27.
28.	29.	30.

Lesson Practice #___

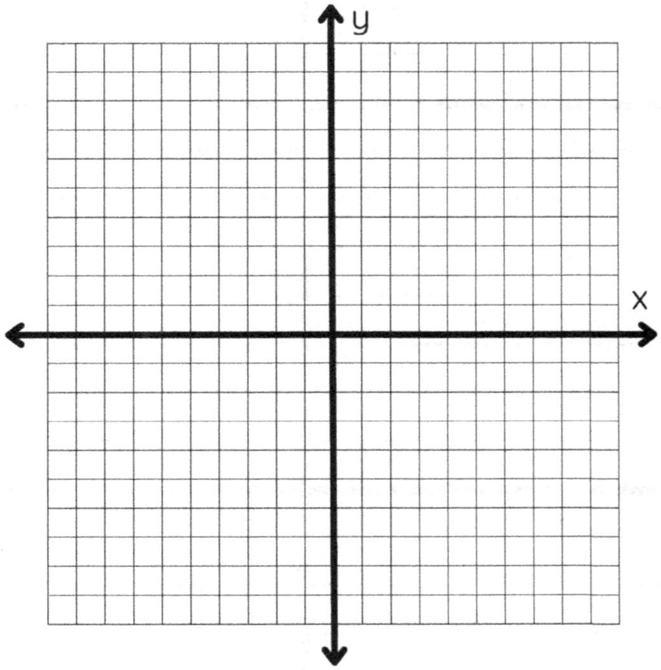

Scratch Paper

Lesson#___ Date:_______

○ Facts Practice ○ Lesson Practice 15 min. power focus: ○ ○ ○ ○

1.	2.	3.
4.	5.	6.
7.	8.	9.
10.	11.	12.
13.	14.	15.

Lesson#___

Date:______

16.	17.	18.
19.	20.	21.
22.	23.	24.
25.	26.	27.
28.	29.	30.

Lesson Practice #___

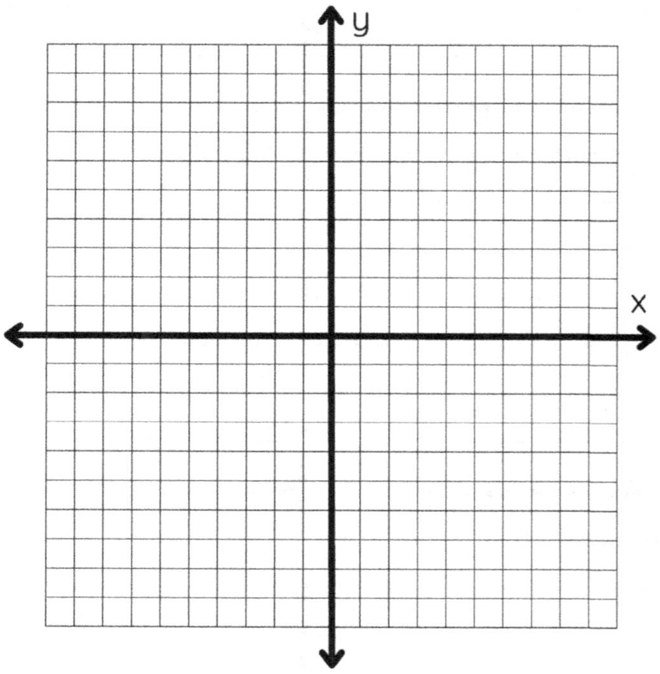

Scratch Paper

Lesson#____

Date:_______

○ Facts Practice ○ Lesson Practice 15 min. power focus: ○ ○ ○ ○

1.	2.	3.
4.	5.	6.
7.	8.	9.
10.	11.	12.
13.	14.	15.

Lesson#___

Date:_______

16.	17.	18.
19.	20.	21.
22.	23.	24.
25.	26.	27.
28.	29.	30.

Lesson Practice #___

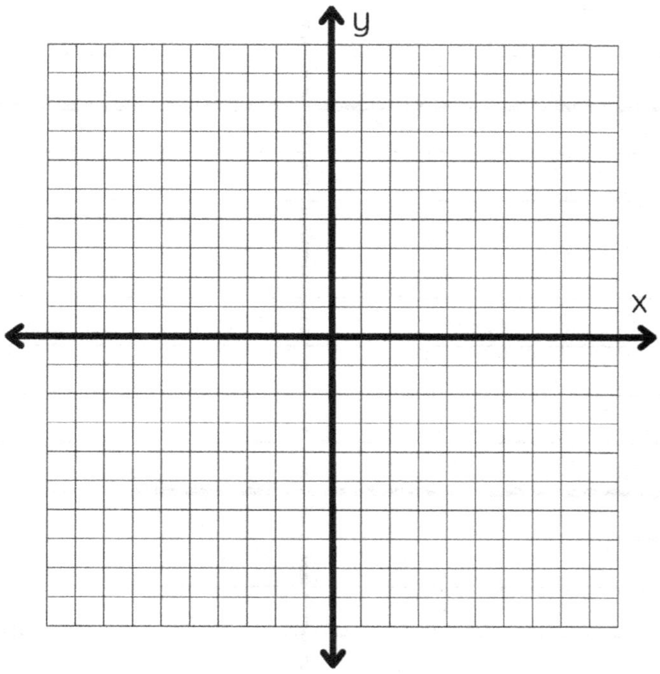

Scratch Paper

Lesson#____

Date:________

○ Facts Practice ○ Lesson Practice

15 min. power focus: ○ ○ ○ ○

1.	2.	3.
4.	5.	6.
7.	8.	9.
10.	11.	12.
13.	14.	15.

Lesson#____

Date:________

16.	17.	18.
19.	20.	21.
22.	23.	24.
25.	26.	27.
28.	29.	30.

Lesson Practice #___

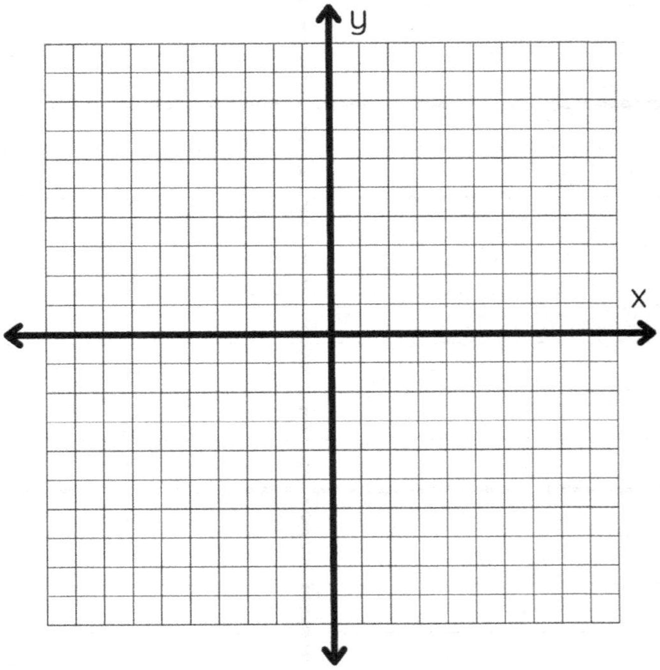

Scratch Paper

Lesson#____

Date:________

○ Facts Practice ○ Lesson Practice 15 min. power focus: ○ ○ ○ ○

1.	2.	3.
4.	5.	6.
7.	8.	9.
10.	11.	12.
13.	14.	15.

Lesson#___

Date:______

16.	17.	18.
19.	20.	21.
22.	23.	24.
25.	26.	27.
28.	29.	30.

Lesson Practice #___

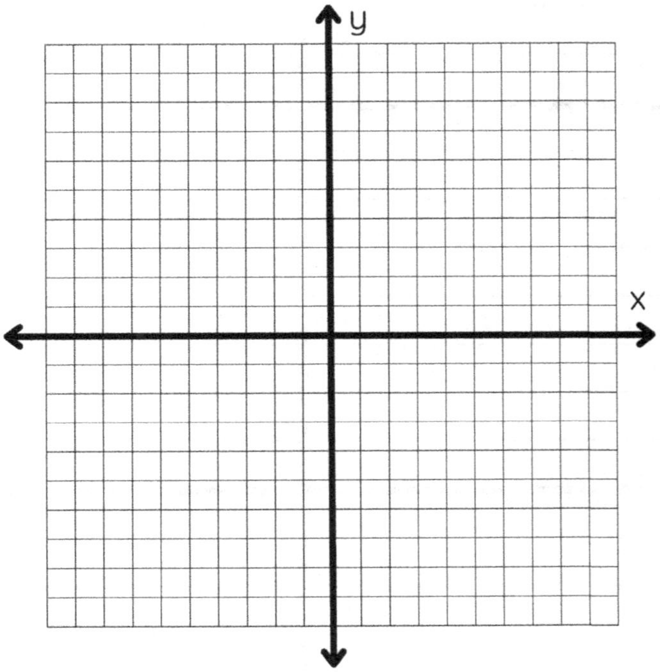

Scratch Paper

Lesson#____

Date:________

○ Facts Practice ○ Lesson Practice

15 min. power focus: ○ ○ ○ ○

1.	2.	3.
4.	5.	6.
7.	8.	9.
10.	11.	12.
13.	14.	15.

Lesson#____ Date:________

16.	17.	18.
19.	20.	21.
22.	23.	24.
25.	26.	27.
28.	29.	30.

Lesson Practice #___

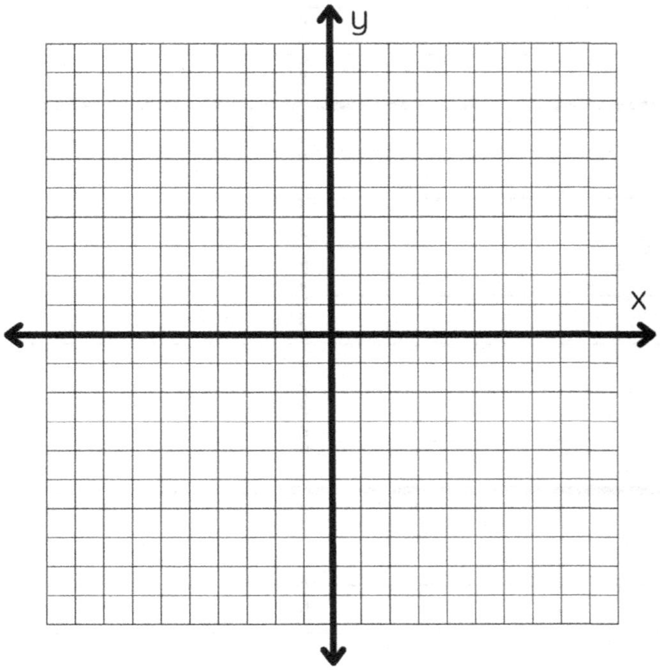

Scratch Paper

Lesson#____

Date:________

○ Facts Practice ○ Lesson Practice 15 min. power focus: ○ ○ ○ ○

1.	2.	3.
4.	5.	6.
7.	8.	9.
10.	11.	12.
13.	14.	15.

Lesson#____ Date:________

16.	17.	18.
19.	20.	21.
22.	23.	24.
25.	26.	27.
28.	29.	30.

Lesson Practice #___

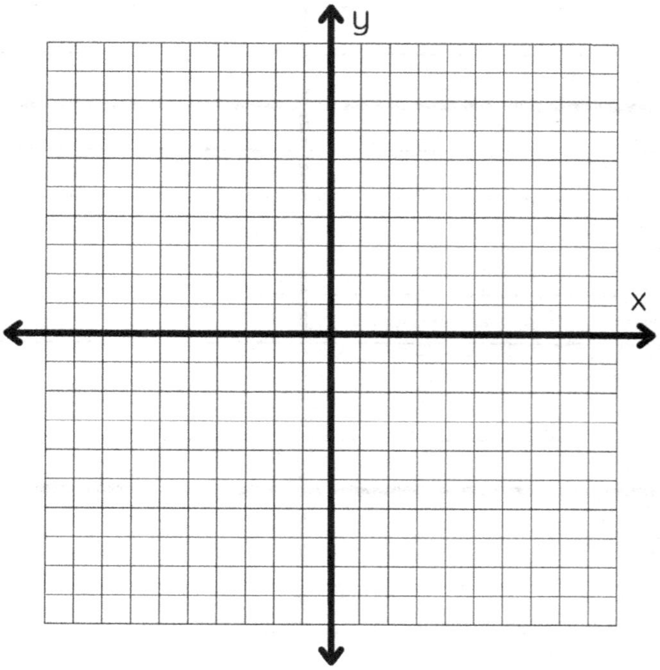

Scratch Paper

Lesson#____

Date:_______

○ Facts Practice ○ Lesson Practice 15 min. power focus: ○ ○ ○ ○

1.	2.	3.
4.	5.	6.
7.	8.	9.
10.	11.	12.
13.	14.	15.

Lesson#___

Date:_______

16.	17.	18.
19.	20.	21.
22.	23.	24.
25.	26.	27.
28.	29.	30.

Lesson Practice #___

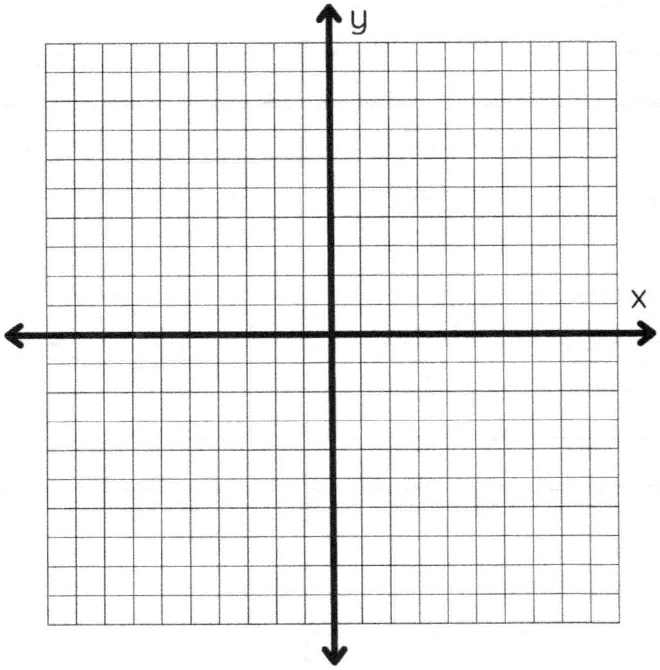

Scratch Paper

Lesson#____ Date:________

○ Facts Practice ○ Lesson Practice 15 min. power focus: ○ ○ ○ ○

1.	2.	3.
4.	5.	6.
7.	8.	9.
10.	11.	12.
13.	14.	15.

Lesson#____ Date:________

16.	17.	18.
19.	20.	21.
22.	23.	24.
25.	26.	27.
28.	29.	30.

Lesson Practice #___

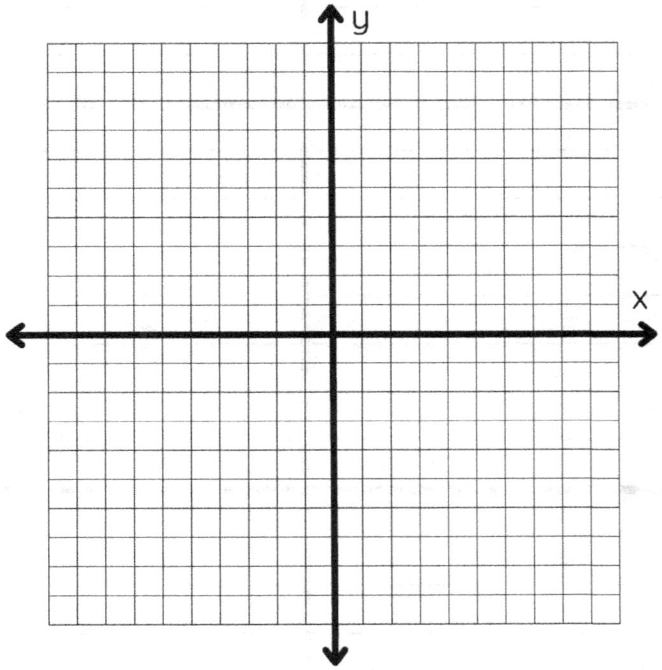

Scratch Paper

Lesson#____ Date:________

○ Facts Practice ○ Lesson Practice 15 min. power focus: ○ ○ ○ ○

1.	2.	3.
4.	5.	6.
7.	8.	9.
10.	11.	12.
13.	14.	15.

Lesson#____

Date:________

16.	17.	18.
19.	20.	21.
22.	23.	24.
25.	26.	27.
28.	29.	30.

Lesson Practice #___

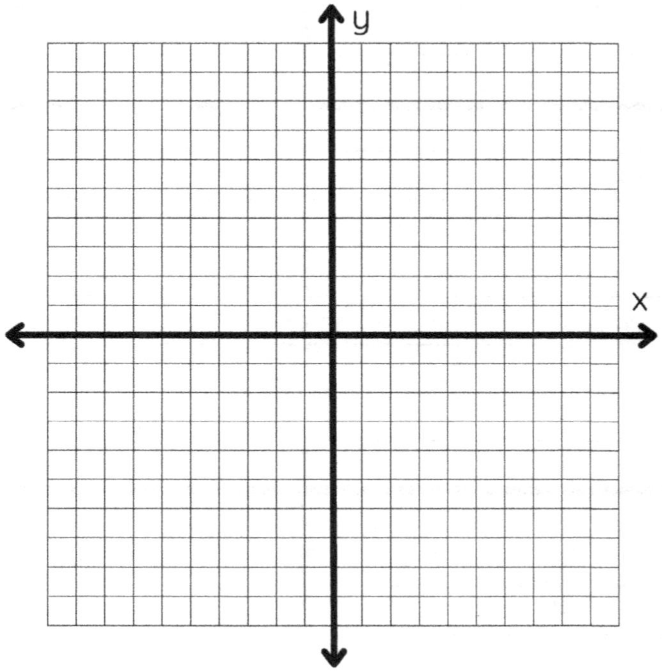

Scratch Paper

Lesson#____

Date:________

○ Facts Practice ○ Lesson Practice 15 min. power focus: ○ ○ ○ ○

1.	2.	3.
4.	5.	6.
7.	8.	9.
10.	11.	12.
13.	14.	15.

Lesson#____ Date:________

16.	17.	18.
19.	20.	21.
22.	23.	24.
25.	26.	27.
28.	29.	30.

Lesson Practice #___

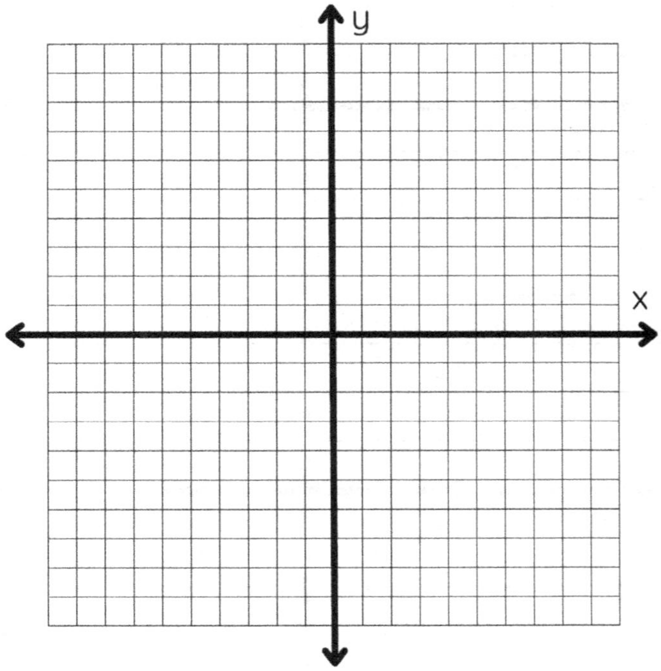

Scratch Paper

Lesson#____

Date:________

○ Facts Practice ○ Lesson Practice 15 min. power focus: ○ ○ ○ ○

1.

2.

3.

4.

5.

6.

7.

8.

9.

10.

11.

12.

13.

14.

15.

Lesson#___

Date:_______

16.	17.	18.
19.	20.	21.
22.	23.	24.
25.	26.	27.
28.	29.	30.

Lesson Practice #___

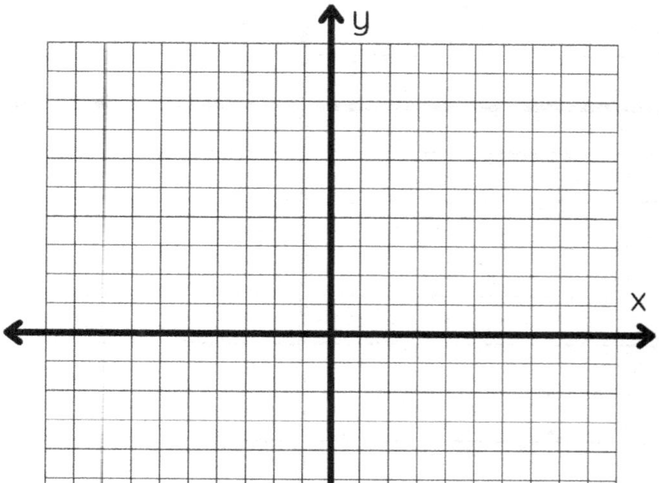

Scratch Paper

Lesson#____

Date:________

○ Facts Practice ○ Lesson Practice 15 min. power focus: ○ ○ ○ ○

1.	2.	3.
4.	5.	6.
7.	8.	9.
10.	11.	12.
13.	14.	15.

Lesson#___

Date:_______

16.	17.	18.
19.	20.	21.
22.	23.	24.
25.	26.	27.
28.	29.	30.

Lesson Practice #___

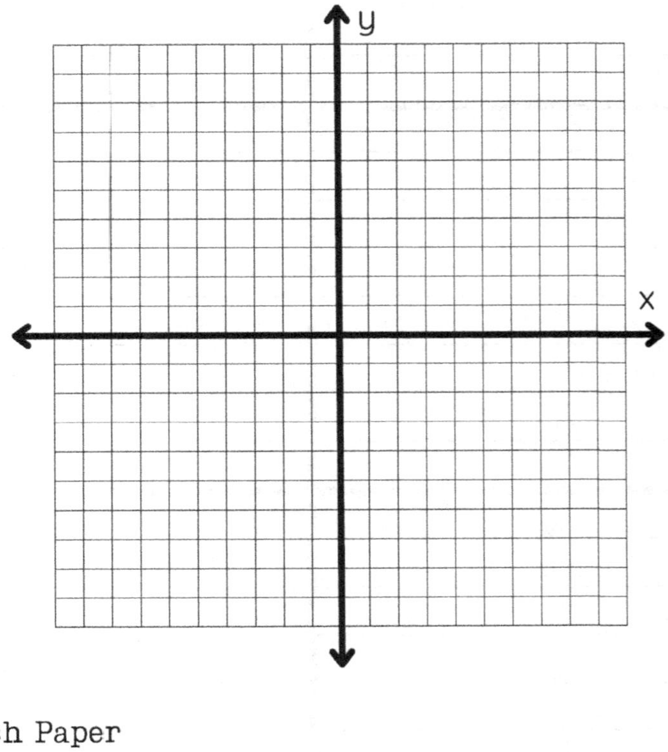

Scratch Paper

Lesson#____ Date:________

○ Facts Practice ○ Lesson Practice 15 min. power focus: ○ ○ ○ ○

1.	2.	3.
4.	5.	6.
7.	8.	9.
10.	11.	12.
13.	14.	15.

Lesson#____ Date:________

16.	17.	18.
19.	20.	21.
22.	23.	24.
25.	26.	27.
28.	29.	30.

Lesson Practice #___

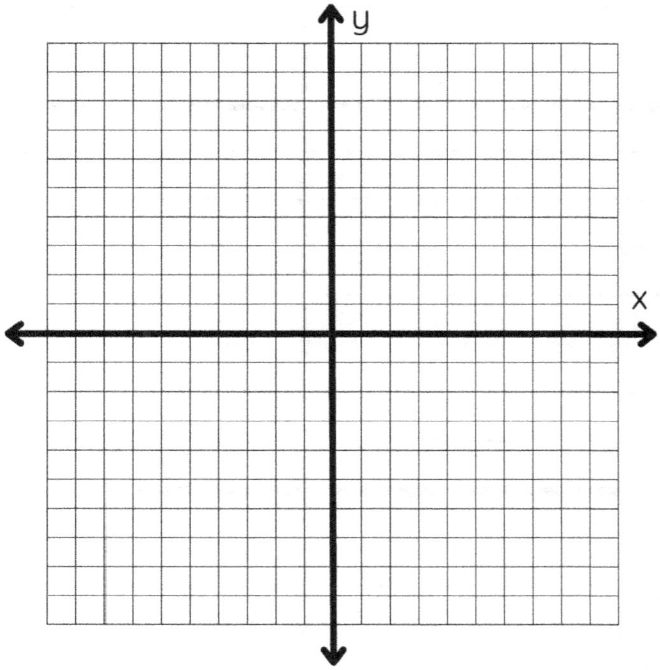

Scratch Paper

Lesson#____

Date:________

○ Facts Practice ○ Lesson Practice 15 min. power focus: ○ ○ ○ ○

1.	2.	3.
4.	5.	6.
7.	8.	9.
10.	11.	12.
13.	14.	15.

Lesson#____

Date:________

16.	17.	18.
19.	20.	21.
22.	23.	24.
25.	26.	27.
28.	29.	30.

Lesson Practice #___

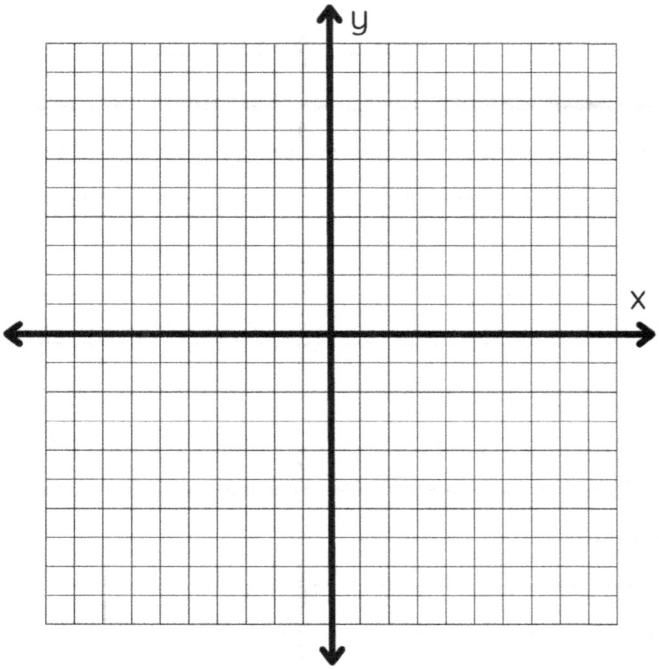

Scratch Paper

Lesson#____

Date:________

○ Facts Practice ○ Lesson Practice

15 min. power focus: ○ ○ ○ ○

1.	2.	3.
4.	5.	6.
7.	8.	9.
10.	11.	12.
13.	14.	15.

Lesson#____ Date:_______

16.	17.	18.
19.	20.	21.
22.	23.	24.
25.	26.	27.
28.	29.	30.

Lesson Practice #___

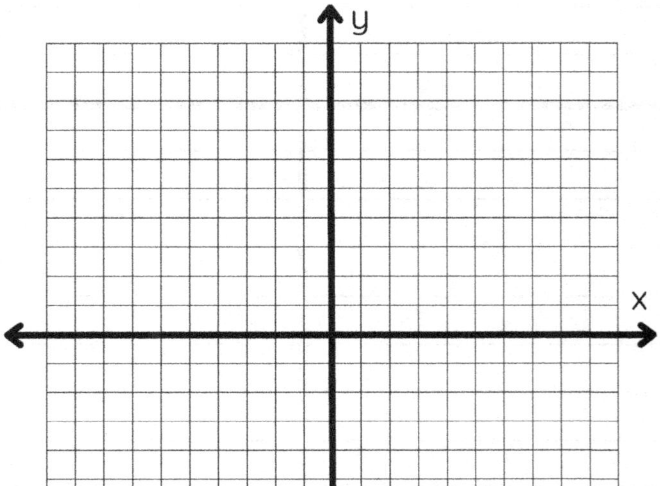

Scratch Paper

Lesson#____

Date:________

○ Facts Practice ○ Lesson Practice

15 min. power focus: ○ ○ ○ ○

1.	2.	3.
4.	5.	6.
7.	8.	9.
10.	11.	12.
13.	14.	15.

Lesson#___ Date:______

16.	17.	18.
19.	20.	21.
22.	23.	24.
25.	26.	27.
28.	29.	30.

Lesson Practice #___

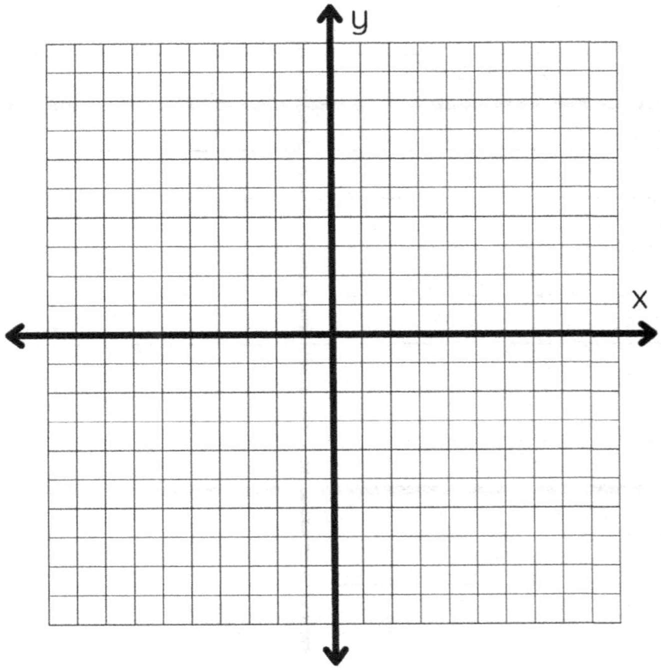

Scratch Paper

Lesson#____

Date:________

○ Facts Practice ○ Lesson Practice 15 min. power focus: ○ ○ ○ ○

1.	2.	3.
4.	5.	6.
7.	8.	9.
10.	11.	12.
13.	14.	15.

Lesson#___

Date:_______

16.	17.	18.
19.	20.	21.
22.	23.	24.
25.	26.	27.
28.	29.	30.

Lesson Practice #___

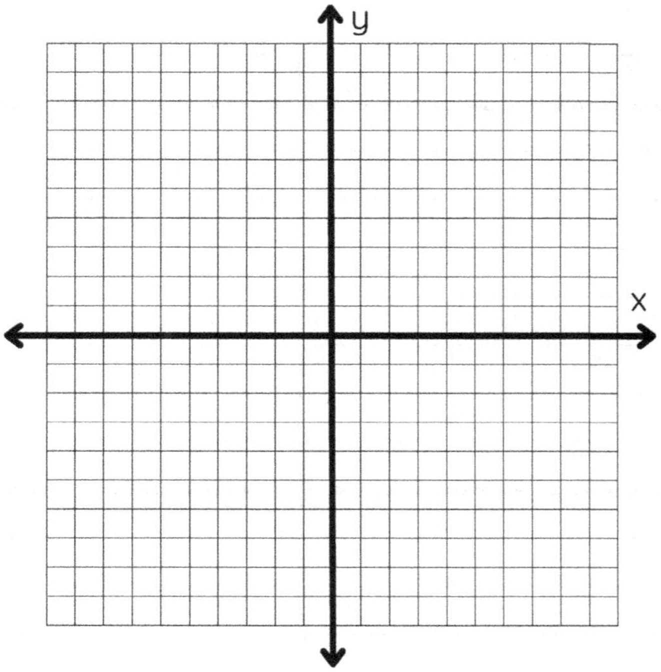

Scratch Paper

Lesson#____ Date:________

○ Facts Practice ○ Lesson Practice 15 min. power focus: ○ ○ ○ ○

1.	2.	3.
4.	5.	6.
7.	8.	9.
10.	11.	12.
13.	14.	15.

Lesson#___ Date:_______

16.	17.	18.
19.	20.	21.
22.	23.	24.
25.	26.	27.
28.	29.	30.

Lesson Practice #___

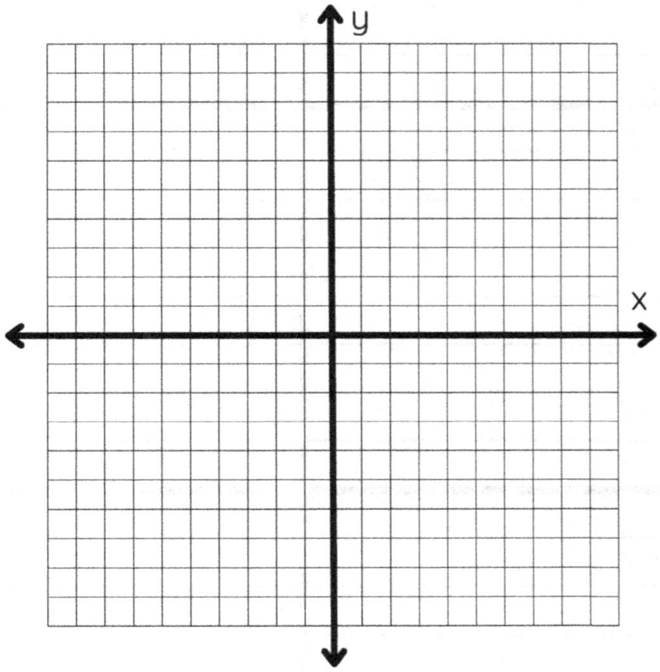

Scratch Paper

Lesson#___

Date:________

○ Facts Practice ○ Lesson Practice 15 min. power focus: ○ ○ ○ ○

1.	2.	3.
4.	5.	6.
7.	8.	9.
10.	11.	12.
13.	14.	15.

Lesson#____

Date:________

16.	17.	18.
19.	20.	21.
22.	23.	24.
25.	26.	27.
28.	29.	30.

Lesson Practice #___

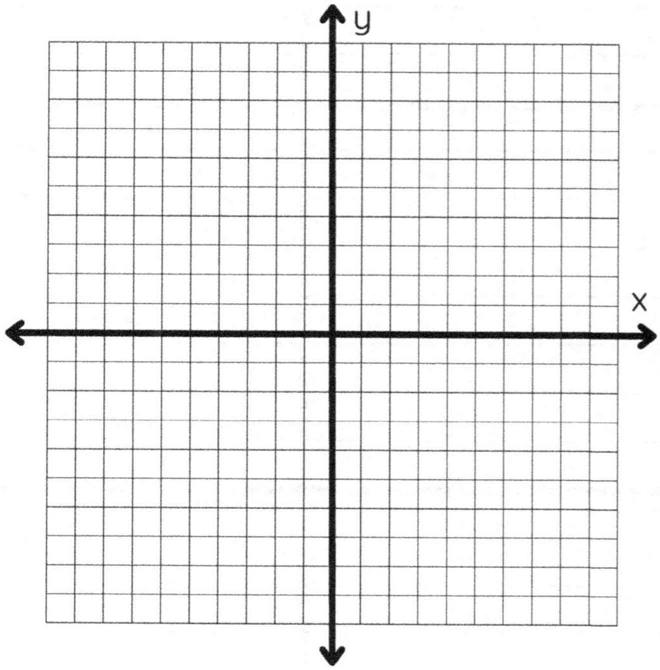

Scratch Paper

Lesson#____ Date:________

○ Facts Practice ○ Lesson Practice 15 min. power focus: ○ ○ ○ ○

1.	2.	3.
4.	5.	6.
7.	8.	9.
10.	11.	12.
13.	14.	15.

Lesson#____ Date:________

16.	17.	18.
19.	20.	21.
22.	23.	24.
25.	26.	27.
28.	29.	30.

Lesson Practice #___

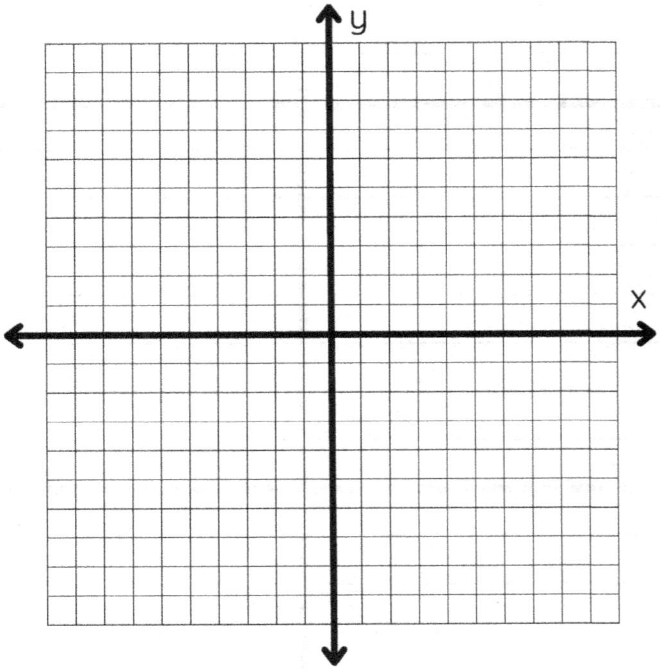

Scratch Paper

Lesson#____

Date:_______

○ Facts Practice ○ Lesson Practice 15 min. power focus: ○ ○ ○ ○

1.	2.	3.
4.	5.	6.
7.	8.	9.
10.	11.	12.
13.	14.	15.

Lesson#____

Date:________

16.	17.	18.
19.	20.	21.
22.	23.	24.
25.	26.	27.
28.	29.	30.

Lesson Practice #___

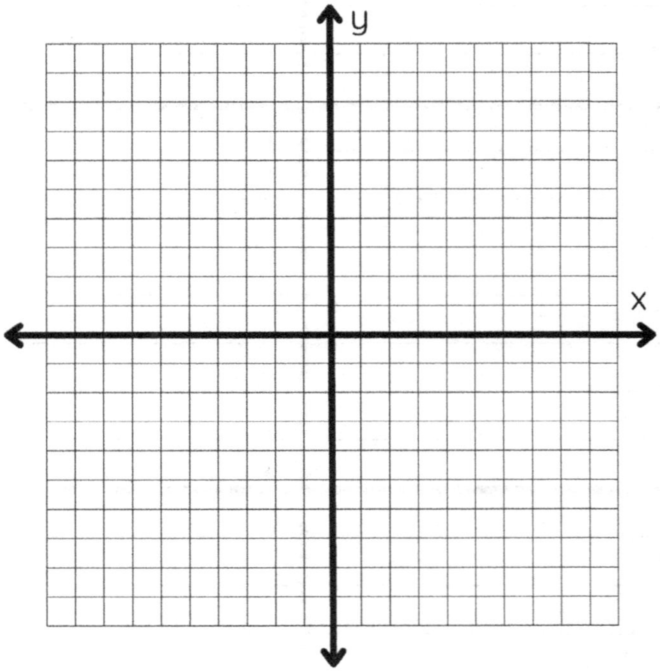

Scratch Paper

Lesson#___

Date:_______

○ Facts Practice ○ Lesson Practice 15 min. power focus: ○ ○ ○ ○

1.	2.	3.
4.	5.	6.
7.	8.	9.
10.	11.	12.
13.	14.	15.

Lesson#____

Date:________

16.	17.	18.
19.	20.	21.
22.	23.	24.
25.	26.	27.
28.	29.	30.

Lesson Practice #___

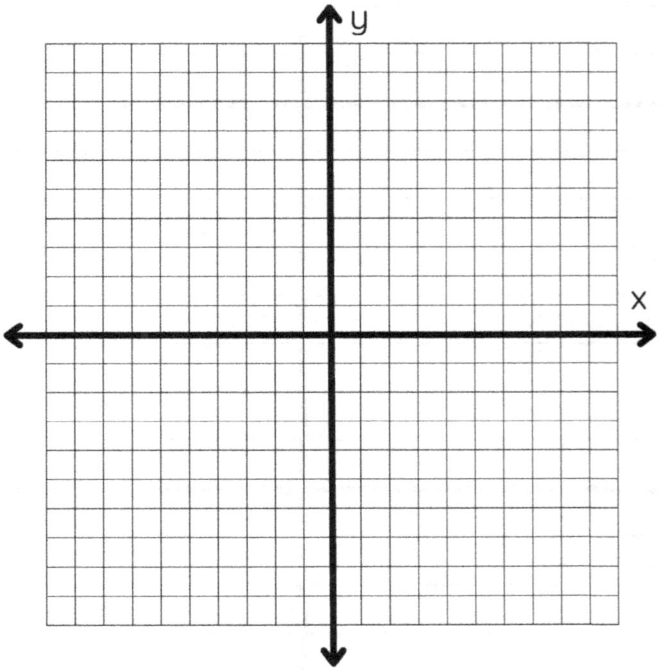

Scratch Paper

Lesson#____

Date:________

○ Facts Practice ○ Lesson Practice 15 min. power focus: ○ ○ ○ ○

1.

2.

3.

4.

5.

6.

7.

8.

9.

10.

11.

12.

13.

14.

15.

Lesson#___

Date:______

16.	17.	18.
19.	20.	21.
22.	23.	24.
25.	26.	27.
28.	29.	30.

Lesson Practice #___

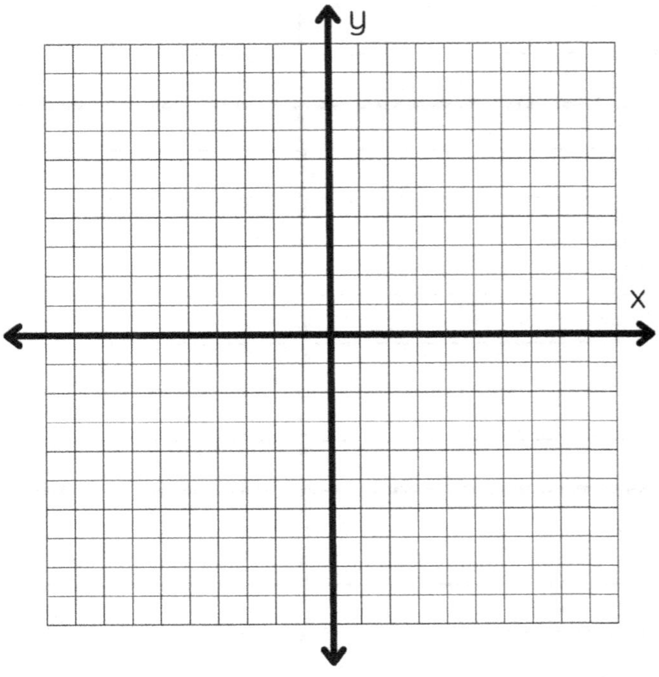

Scratch Paper

Lesson#___

Date:_______

○ Facts Practice ○ Lesson Practice 15 min. power focus: ○ ○ ○ ○

1.	2.	3.
4.	5.	6.
7.	8.	9.
10.	11.	12.
13.	14.	15.

Lesson#____

Date:________

16.	17.	18.
19.	20.	21.
22.	23.	24.
25.	26.	27.
28.	29.	30.

Lesson Practice #___

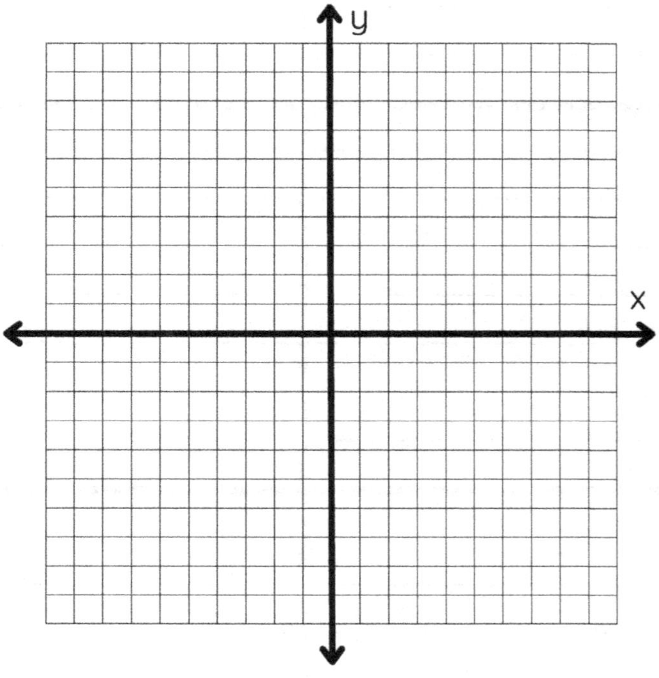

Scratch Paper

Lesson#____

Date:________

○ Facts Practice ○ Lesson Practice

15 min. power focus: ○ ○ ○ ○

1.	2.	3.
4.	5.	6.
7.	8.	9.
10.	11.	12.
13.	14.	15.

Lesson#____

Date:________

16.	17.	18.
19.	20.	21.
22.	23.	24.
25.	26.	27.
28.	29.	30.

Lesson Practice #___

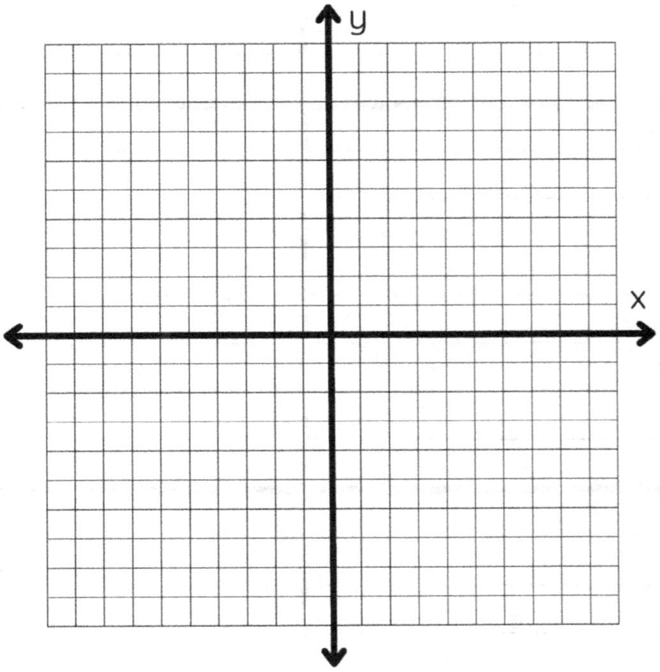

Scratch Paper

Lesson#____

Date:_______

○ Facts Practice ○ Lesson Practice 15 min. power focus: ○ ○ ○ ○

1.	2.	3.
4.	5.	6.
7.	8.	9.
10.	11.	12.
13.	14.	15.

Lesson#___ Date:_______

16.	17.	18.
19.	20.	21.
22.	23.	24.
25.	26.	27.
28.	29.	30.

Lesson Practice #___

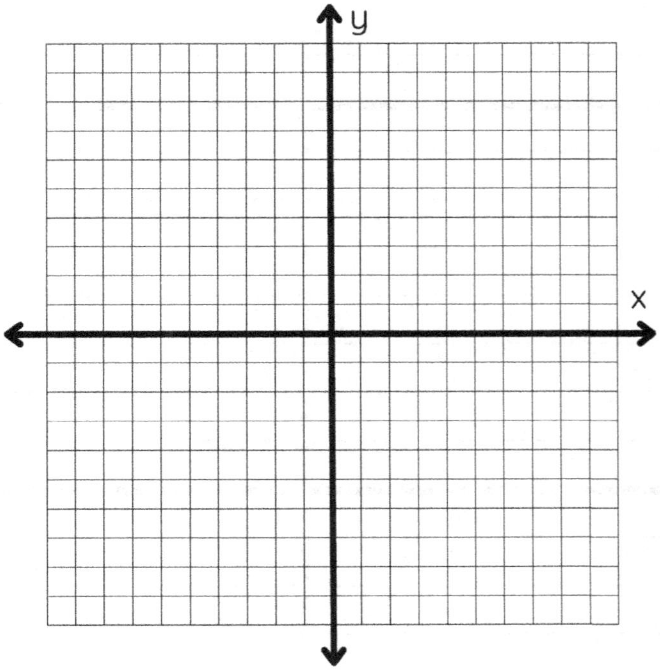

Scratch Paper

Lesson#____

Date:________

○ Facts Practice ○ Lesson Practice

15 min. power focus: ○ ○ ○ ○

1.	2.	3.
4.	5.	6.
7.	8.	9.
10.	11.	12.
13.	14.	15.

Lesson#____ Date:________

16.	17.	18.
19.	20.	21.
22.	23.	24.
25.	26.	27.
28.	29.	30.

Lesson Practice #___

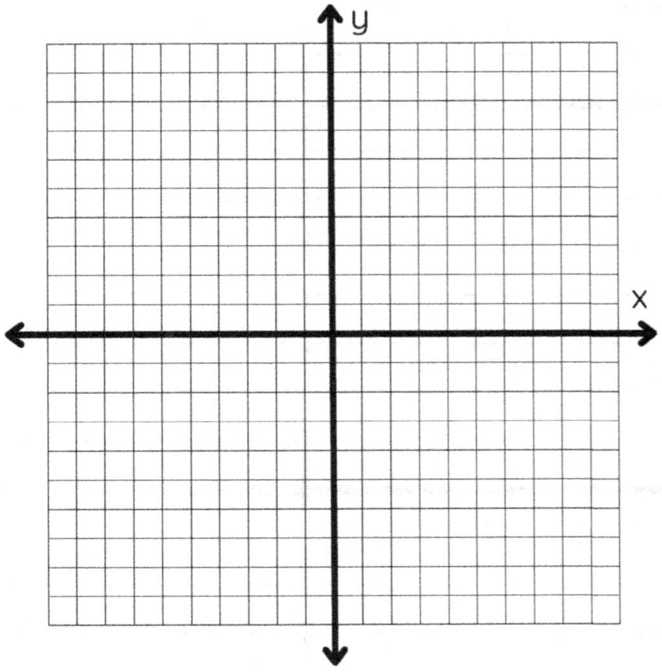

Scratch Paper

Lesson#____

Date:________

○ Facts Practice ○ Lesson Practice 15 min. power focus: ○ ○ ○ ○

1.	2.	3.
4.	5.	6.
7.	8.	9.
10.	11.	12.
13.	14.	15.

Lesson#____

Date:________

16.	17.	18.
19.	20.	21.
22.	23.	24.
25.	26.	27.
28.	29.	30.

Lesson Practice #___

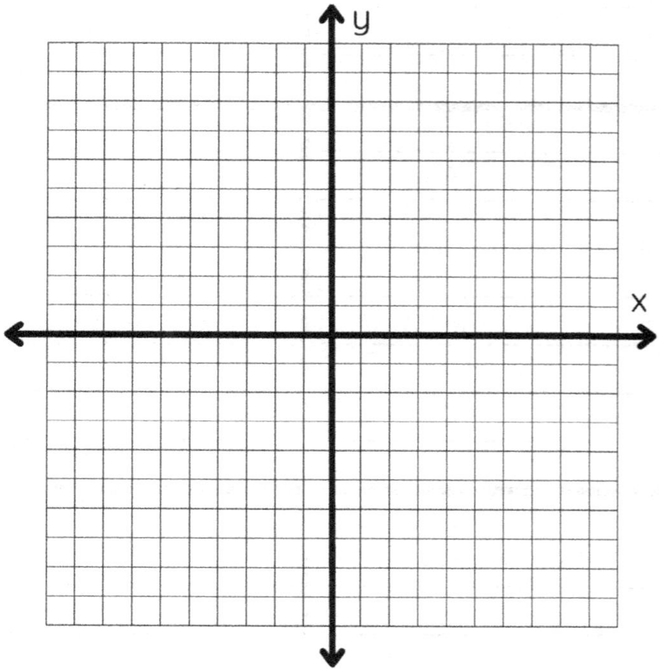

Scratch Paper

Lesson#____ Date:________

○ Facts Practice ○ Lesson Practice 15 min. power focus: ○ ○ ○ ○

1.	2.	3.
4.	5.	6.
7.	8.	9.
10.	11.	12.
13.	14.	15.

Lesson#___ Date:______

16.	17.	18.
19.	20.	21.
22.	23.	24.
25.	26.	27.
28.	29.	30.

Lesson Practice #___

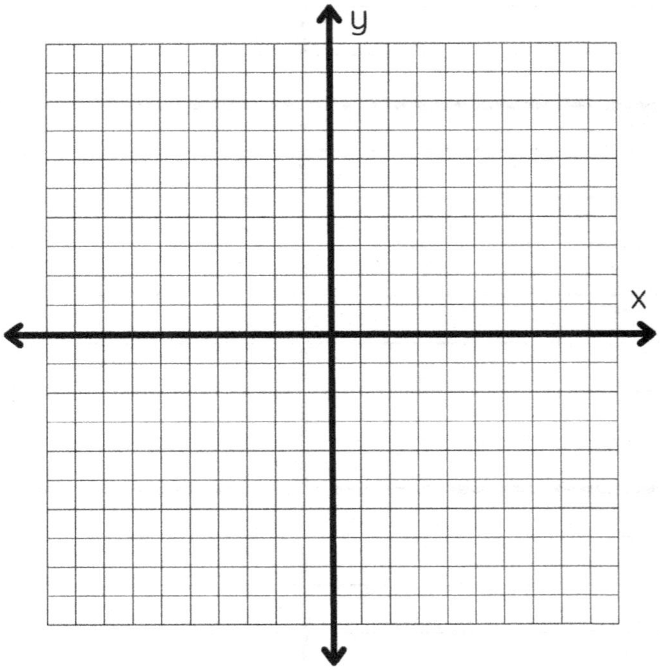

Scratch Paper

Lesson#____ Date:________

○ Facts Practice ○ Lesson Practice 15 min. power focus: ○ ○ ○ ○

1.	2.	3.
4.	5.	6.
7.	8.	9.
10.	11.	12.
13.	14.	15.

Lesson#____ Date:________

16.

17.

18.

19.

20.

21.

22.

23.

24.

25.

26.

27.

28.

29.

30.

Lesson Practice #___

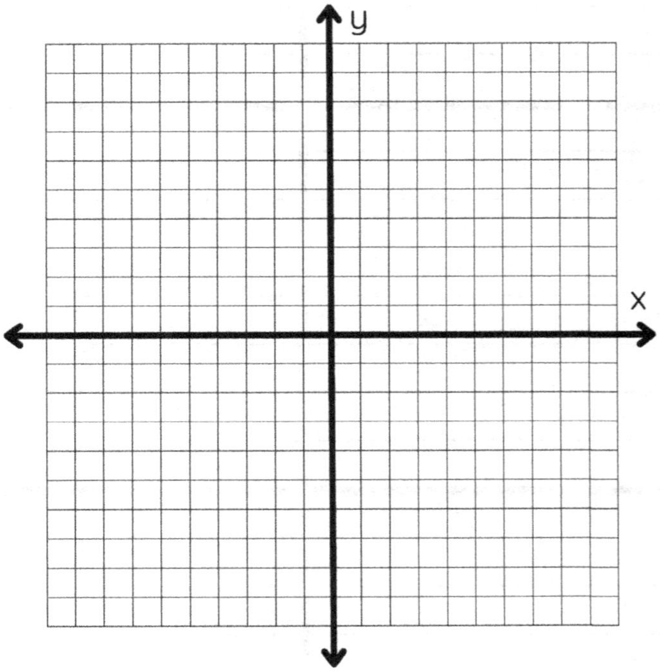

Scratch Paper

Lesson#___

Date:_______

○ Facts Practice ○ Lesson Practice 15 min. power focus: ○ ○ ○ ○

1.	2.	3.
4.	5.	6.
7.	8.	9.
10.	11.	12.
13.	14.	15.

Lesson#___ Date:_______

16.	17.	18.
19.	20.	21.
22.	23.	24.
25.	26.	27.
28.	29.	30.

Lesson Practice #___

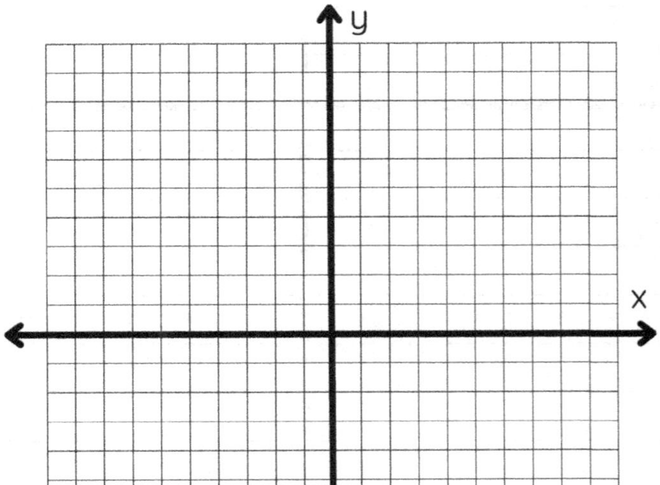

Scratch Paper

Lesson#____ Date:_______

○ Facts Practice ○ Lesson Practice 15 min. power focus: ○ ○ ○ ○

1.	2.	3.
4.	5.	6.
7.	8.	9.
10.	11.	12.
13.	14.	15.

Lesson#____

Date:________

16.	17.	18.
19.	20.	21.
22.	23.	24.
25.	26.	27.
28.	29.	30.

Lesson Practice #___

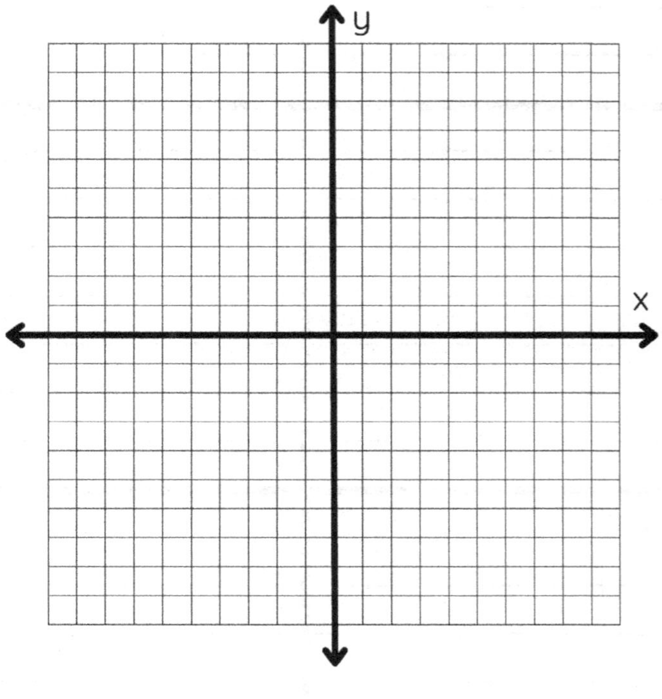

Scratch Paper

Lesson#____ Date:_______

○ Facts Practice ○ Lesson Practice 15 min. power focus: ○ ○ ○ ○

1.	2.	3.
4.	5.	6.
7.	8.	9.
10.	11.	12.
13.	14.	15.

Lesson#____ Date:_______

16.	17.	18.
19.	20.	21.
22.	23.	24.
25.	26.	27.
28.	29.	30.

Lesson Practice #___

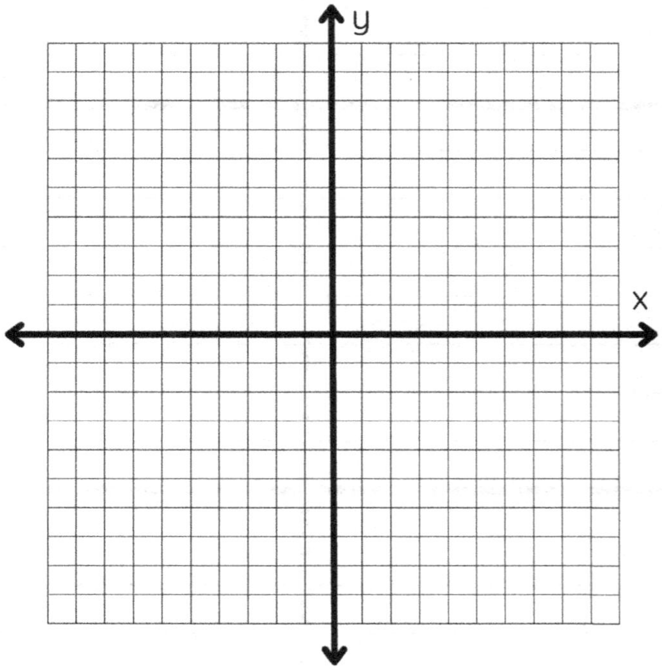

Scratch Paper

Lesson#____

Date:________

○ Facts Practice ○ Lesson Practice 15 min. power focus: ○ ○ ○ ○

1.	2.	3.
4.	5.	6.
7.	8.	9.
10.	11.	12.
13.	14.	15.

Lesson#____ Date:________

16.	17.	18.
19.	20.	21.
22.	23.	24.
25.	26.	27.
28.	29.	30.

Lesson Practice #___

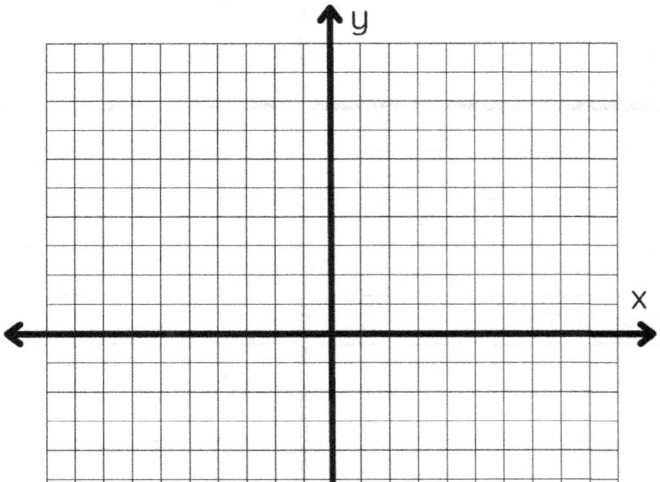

Scratch Paper

Lesson#____

Date:________

○ Facts Practice ○ Lesson Practice 15 min. power focus: ○ ○ ○ ○

1.	2.	3.
4.	5.	6.
7.	8.	9.
10.	11.	12.
13.	14.	15.

Lesson#____

Date:________

16.	17.	18.
19.	20.	21.
22.	23.	24.
25.	26.	27.
28.	29.	30.

Lesson Practice #___

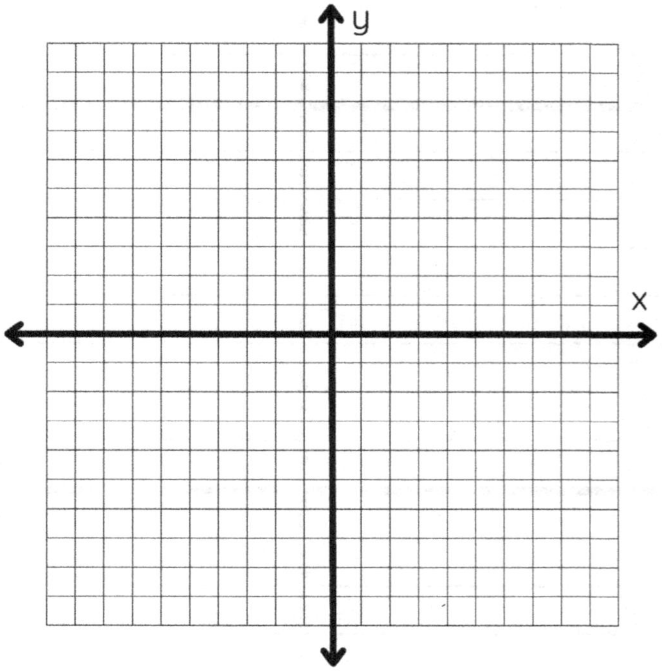

Scratch Paper

Lesson#____

Date:________

○ Facts Practice ○ Lesson Practice

15 min. power focus: ○ ○ ○ ○

1.	2.	3.
4.	5.	6.
7.	8.	9.
10.	11.	12.
13.	14.	15.

Lesson#___ Date:_______

16.	17.	18.
19.	20.	21.
22.	23.	24.
25.	26.	27.
28.	29.	30.

Lesson Practice #___

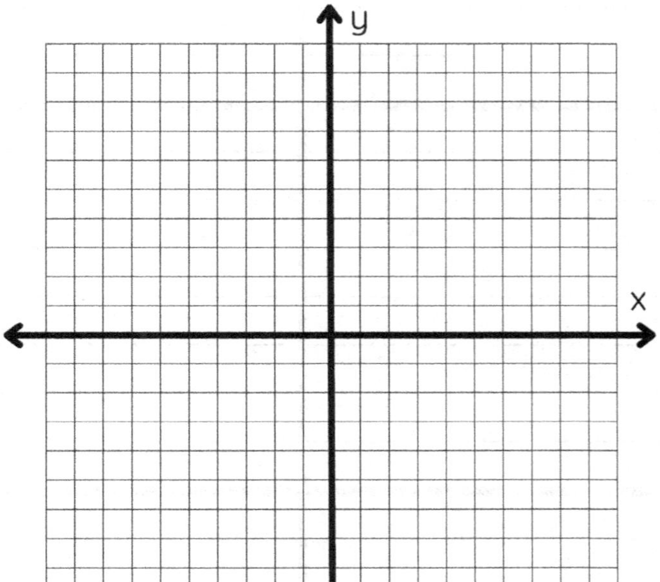

Scratch Paper

Lesson#____

Date:_______

○ Facts Practice ○ Lesson Practice 15 min. power focus: ○ ○ ○ ○

1.	2.	3.
4.	5.	6.
7.	8.	9.
10.	11.	12.
13.	14.	15.

Lesson#____ Date:________

16.	17.	18.
19.	20.	21.
22.	23.	24.
25.	26.	27.
28.	29.	30.

Lesson Practice #___

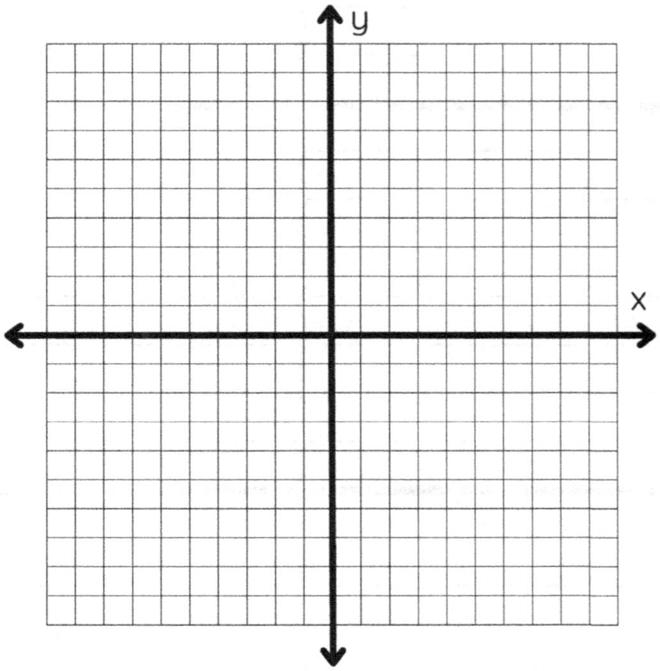

Scratch Paper

Lesson#____

Date:________

○ Facts Practice ○ Lesson Practice 15 min. power focus: ○ ○ ○ ○

1.	2.	3.
4.	5.	6.
7.	8.	9.
10.	11.	12.
13.	14.	15.

Lesson#____

Date:________

16.	17.	18.
19.	20.	21.
22.	23.	24.
25.	26.	27.
28.	29.	30.

Lesson Practice #___

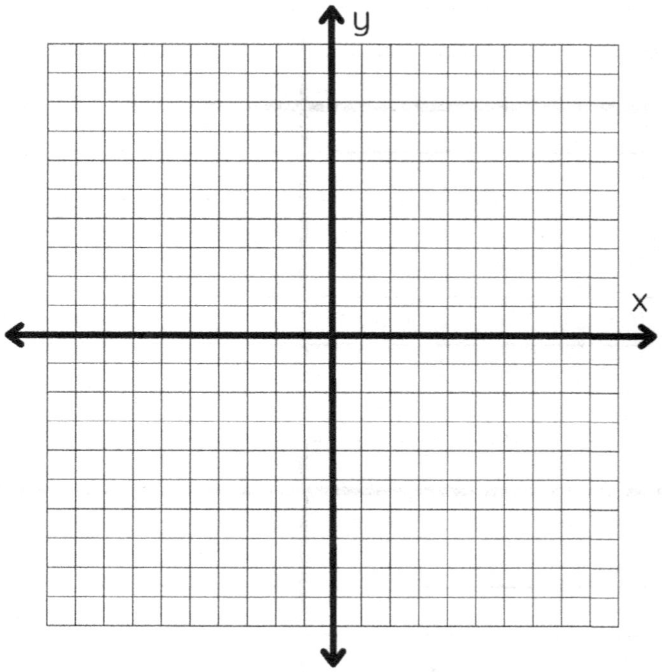

Scratch Paper

Lesson#___ Date:_______

○ Facts Practice ○ Lesson Practice 15 min. power focus: ○ ○ ○ ○

1.	2.	3.
4.	5.	6.
7.	8.	9.
10.	11.	12.
13.	14.	15.

Lesson#____

Date:________

16.	17.	18.
19.	20.	21.
22.	23.	24.
25.	26.	27.
28.	29.	30.

Lesson Practice #___

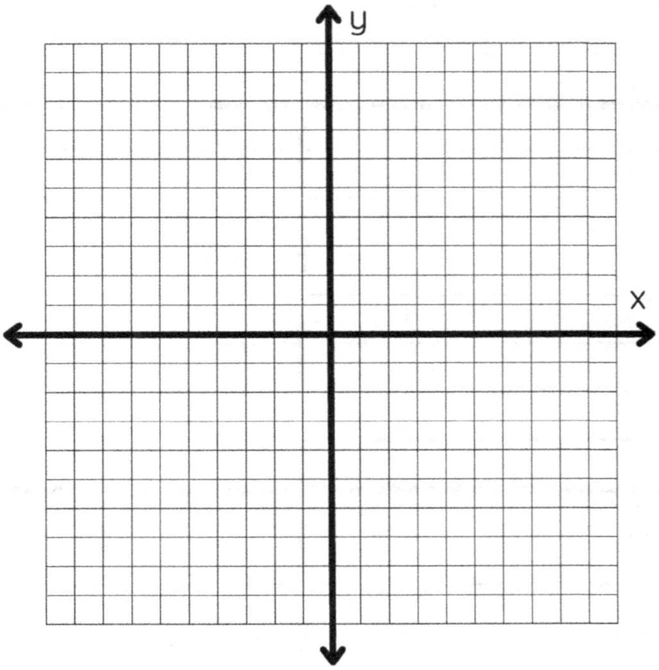

Scratch Paper

Lesson#___

Date:_______

○ Facts Practice ○ Lesson Practice

15 min. power focus: ○ ○ ○ ○

1.	2.	3.
4.	5.	6.
7.	8.	9.
10.	11.	12.
13.	14.	15.

Lesson#___ Date:_______

16.	17.	18.
19.	20.	21.
22.	23.	24.
25.	26.	27.
28.	29.	30.

Lesson Practice #___

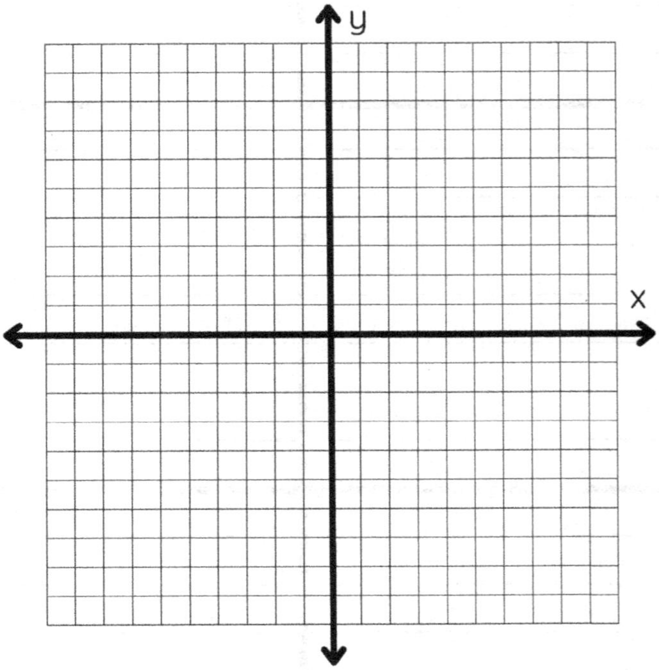

Scratch Paper

Lesson#____ Date:_______

○ Facts Practice ○ Lesson Practice 15 min. power focus: ○ ○ ○ ○

1.	2.	3.
4.	5.	6.
7.	8.	9.
10.	11.	12.
13.	14.	15.

Lesson#___ Date:_______

16.	17.	18.
19.	20.	21.
22.	23.	24.
25.	26.	27.
28.	29.	30.

Lesson Practice #___

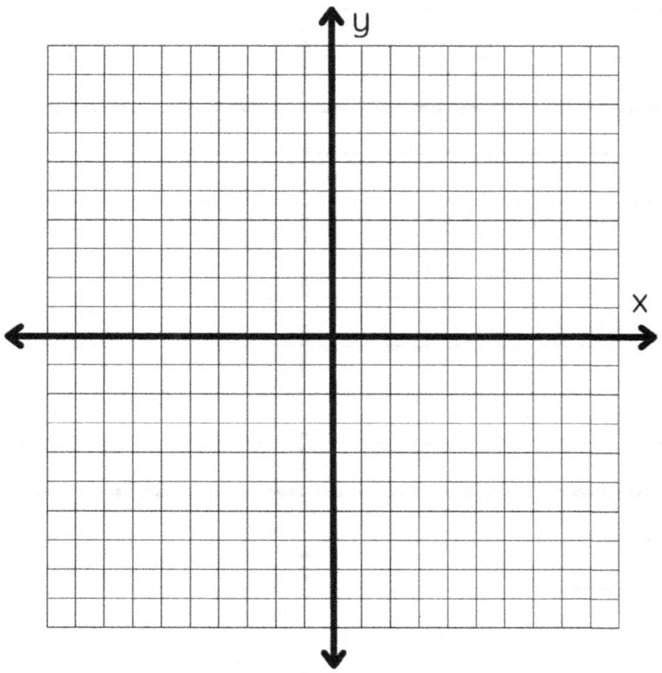

Scratch Paper

Lesson#____

Date:________

○ Facts Practice ○ Lesson Practice

15 min. power focus: ○ ○ ○ ○

1.	2.	3.
4.	5.	6.
7.	8.	9.
10.	11.	12.
13.	14.	15.

Lesson#____

Date:_______

16.	17.	18.
19.	20.	21.
22.	23.	24.
25.	26.	27.
28.	29.	30.

Made in the USA
Monee, IL
08 November 2026

68085580R00136